世界の子どもの❓に答える

30秒でわかる
発明

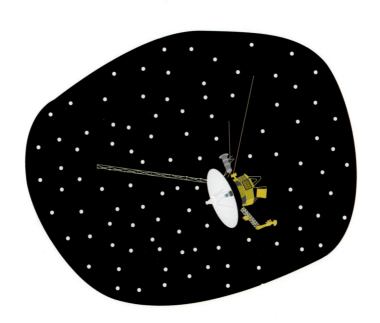

Original Title
INVENTIONS IN 30 SECONDS

Copyright 2014 by Ivy Press

This book was conceived, designed and produced by

Ivy Press

CREATIVE DIRECTOR Peter Bridgewater
PUBLISHER Susan Kelly
COMMISSIONING EDITOR Hazel Songhurst
MANAGING EDITOR Hazel Songhurst
PROJECT EDITOR Claire Saunders
ART DIRECTOR Kim Hankinson
DESIGNERS
Amy McSimpson
Lisa McCormick
ILLUSTRATORS
Chris Anderson (colour)
Marta Munoz (black and white)

Printed in China

Colour origination by Ivy Press Reprographics

Japanese translation rights arranged with
The Ivy Press Limited
through Japan UNI Agency, Inc., Tokyo

［著者・監修者］
マイク・ゴールドスミス
Dr Mike Goldsmith
天体物理学博士。

［訳者］
加藤洋子
（かとう・ようこ）
翻訳家。訳書に『ナイチンゲール』『音に出会った日』ほか多数。

［編集協力］
小都一郎

世界の子どもの？に答える

30秒でわかる発明

マイク・ゴールドスミス 著

加藤洋子 訳

三省堂

Contents
もくじ

60秒でわかる発明…6

生活を楽にする…8
用語集…10
織物…12
そろばん…14
セントラルヒーティング…16
水洗トイレ…18
電球…20
化学繊維…22

コミュニケーション…24
用語集…26
筆記…28
印刷機…30
電話…32
無線通信…34
インターネット…36

移動…38
用語集…40
車輪…42
羅針盤…44
帆船…46
蒸気機関車…48
自動車…50
飛行機…52
宇宙船…54

発見する…56
用語集…58
望遠鏡…60
X線…62
コンピュータ…64
人工衛星…66

医学…68
用語集…70
ワクチン…72
麻酔…74
殺菌・消毒薬…76
インプラント…78

産業…80
用語集…82
トランジスタ…84
原子炉…86
レーザー装置…88
ロボット…90

すばらしい科学者たち…92
東京理科大学学長　藤嶋 昭

索引…94

60秒でわかる
発明

　まわりを見まわして、だれかが発明したものがどれぐらいあるか数えてみましょう。あれも、これも、だれかが発明したものばかりです。そういうものがなかったら、いまのように快適な暮らしはおくれません。

　身のまわりのすべてのものは、その昔、だれかが思いつき、作りだしたからここにあるのです。たとえばいまこの本を読めるのは、何百年も前にだれかが印刷機を発明し、ほかのだれかが紙やインクを発明したおかげです。それに、だれかが文字を考えだしたおかげです。

　そういうものを、いったいだれが発明したのでしょう？　発明家といわれて思い浮かべるのは、おかしなものでいっぱいの実験室でたった一人、髪を振りみだして研究に打ちこむ博士の姿でしょうか。そういう発明家もなかにはいます。しかし、たいていの発明は、おおぜいの人の手で、長い時間をかけて作りあげられてきました。ひとつの画期的なアイディアが、実際に役立つものになるまでに、何百年もかかることもあります。

100年前、200年前まで、発明家ににとっていちばんの問題は、アイディアをほかの人に盗まれることでした。その問題を解決したのが特許です。ひとつのアイディアが、ほかのだれも考えたことのない新しいものかどうか、特許庁という役所がチェックしています。特許が認められれば、そのアイディアをだれもまねできなくなります。
　偉大な発明家が偉大な科学者や数学者やエンジニアとちがうのは、学校で何年も勉強する必要がないことです。発明家に必要なのは、アイディアを思いつく力と、それを追いつづけるねばりづよさです。だから、だれでも、そう、あなただって発明家になれる！
　この本では、世界的に重要な30の発明を紹介します。それぞれの発明の歴史が語られ、3秒でわかるまとめもついています。みなさんがとりくむ課題も用意しました。さあ、方位磁石を作り、電気をおこし、マイクロ波を測定し、ロケットをうちあげ、スーパーインプラントを考えてみましょう。

生活を楽にする

発明の多くは、人間の生活を楽にするためのものです。はるか昔、人々は自然が与えてくれるものだけで生活していました。枝を組み上げて粗末な家を作り、貝殻をコップがわりにし、動物の毛皮を服にしました。やがて織物が発明され、水洗トイレやセントラルヒーティングや電球が発明されたおかげで、快適な暮らしを送れるようになりました。いまを生きるわたしたちは、そういうものがあるのはあたりまえだと思っています。

生活を楽にする
用語集

麻（リネン） 亜麻から作られる世界最古とされる繊維で、いまも使われている。

亜麻 麻の原料となる植物。

エネルギー ものを変化させる力。電気も原子力も熱も光も音も、すべてエネルギーの一種。

おまる 水洗トイレが普及する前に、小便や大便をいれるのに使った容器。

蛍光灯 ガスをいれた電球で、電気が流れると光る。

サーモスタット ある温度に達すると自動的に切り替わるスイッチ。

産業革命 18世紀後半にはじまる産業の大きな変化。蒸気機関が工場でのものの生産方式や交通手段を発展させ世界は大きく変わっていった。

織機 糸を織って布地を作る機械。

生分解性 物質が植物や動物に害をあたえず、自然の力で分解されること。

石油 地中でみつかった液体で、燃料として使われるほか、化学繊維やプラスチックなどの原料となる。

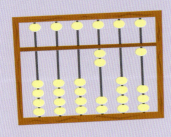 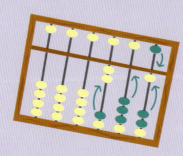 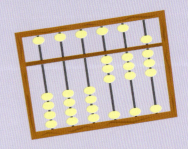

絶縁体 熱や電気を通さない素材。

繊維 布地を作るコットンなどの糸。

そろばん 計算するための道具。

経糸 織機の縦に張られた糸で、緯糸が交互にくぐっていくことで布地が織られる。

ナイロン シルクの代わりとして作られた化学繊維。

バクテリア（細菌） 目に見えない小さな生物。病気をひきおこすものもあり、病原体の一種である。

白熱灯 なかにフィラメントが入っている電球。

フィラメント 電気を通すと明るく光る細いワイヤー。

ボイラー 水をあたため、パイプとポンプで必要な場所に送る装置。

緯糸 織機の経糸と交互にくぐっていくことで布地を作る糸のこと。

炉 燃料を燃やして熱を作る装置。その熱で建物をあたためることもある。

30秒でわかる 織物

大昔は、着るものもふとんもすべて動物の毛皮でした。

6000年ぐらい前に、植物の繊維や動物の毛をねじったりほぐしたりすると長い糸ができることを発見した人がいました。最初に作られた糸は麻（リネン）だったといわれ、亜麻と呼ばれるアシに似た植物から作られました。そののち、綿の種を包むフワフワの綿毛や、羊の毛からも糸が作られるようになりました。これが木綿やウールです。

でも、糸だけでは服はできません。糸を織って布地を作らなくては！　織機（織物を織る機械）が最初に発明されたのは古代エジプトで、このアイディアは世界中に広まりました。18世紀になると、大きな織機がたくさん集められて工場ができました。19世紀には、さらに大きな織機を動かすのに蒸気機関が使われ、20世紀になると電気が蒸気機関にとってかわりました。

3秒でまとめ

糸から布地を織る。

3分でできる「織物」

用意するもの： 濃さのちがう色紙2枚、はさみ、ボンド。

2枚の紙をそれぞれ切って、細い紙（12センチ×1センチ）を12枚ずつ作る。12枚の紙を縦に並べ、色違いの12枚の紙を交互にその上に出したり下にくぐらせたりしながら横にとおしてゆき、端をボンドで貼り付けると正方形の織物ができあがる。細い紙の長さをかえたり、四色の紙を使ったりして、いろんな織物を作ってみよう。細い紙の幅をもっと細くしたらどうなるかな？

何千年ものあいだ、おなじやり方で布地が織られてきた。
たとえば毛織物は、動物の毛を紡いでできた糸（ウール）を使って、織機で織って作られる。

羊の毛を刈って、洗って、染めて、紡ぐと長い糸になる。

織機の経糸に緯糸をくぐらせるときに使われる器具をシャトルという。

経糸（赤）

緯糸（青）

シャトル

緯糸をうまくくぐらせるために経糸を上下に分ける器具をヘドルと呼ぶ。

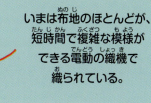

いまは布地のほとんどが、短時間で複雑な模様ができる電動の織機で織られている。

30秒でわかる そろばん

ものを数えたり、ものを売ったり買ったりするとき、必要となるのが計算です。少ない数なら暗算でできます。指を折って数えればすみます。でも、大きい数だとそうはいきません。そこで考え出されたのがそろばんです。

そろばんの始まりは砂に描かれた溝でした。1本目の溝は"百の位"、2本目の溝は"十の位"、3本目の溝は"一の位"を表し、それぞれの溝に石を置いて数字を記録したのです。それらを合わせれば合計の数字がわかる仕組みです。

いまわたしたちが知っているそろばん——木枠のなかの細い棒に刺した珠を滑らせて計算する道具——は、2000年以上前に中国で発明されました。それから今日まで、そろばんはずっと使いつづけられています。そろばん以外にも多くの計算道具が発明されました。17世紀に登場した機械式計算機、1970年代から使われている電子計算機、それに現代のコンピュータなどです。

3秒でまとめ

そろばんは計算を楽にするための最初の発明品。

3分でできる 「そろばんを作ってみよう」

用意するもの：長方形の硬い紙（30センチ×20センチ）、長さ20センチのひもを6本、ビーズ30個、粘着テープ、30センチの長さの定規。

紙の真ん中を四角くくりぬいて枠を作る。ひもにビーズを5個ずつ通し、それらを枠の上と下に粘着テープで貼り付ける。それぞれのひものビーズのうち4個を下にずらし、1個を上にずらす。あいだに定規を水平にわたしてテープで貼りつける。

そろばんの珠のうち、
水平の梁より上の珠は5を、
下の珠は1を表す。

縦の棒を桁と呼び、
梁についている五珠と
一珠の数がその桁の
数字となる。
このそろばんが表す数字は、
1,352,964,709。

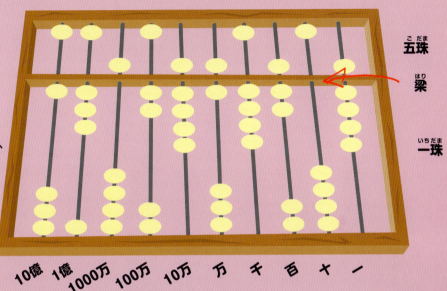

そろばんは
かつて商人が使っていた。
ここで示しているのは
足し算のやり方だが、
引き算や割り算、
掛け算もできる。

30秒でわかる
セントラルヒーティング

　50年前には、セントラルヒーティング（一か所で作った熱を建物全体にゆきわたらせる方法）は、とても珍しいものでした。人々をあたためたのは、電気ヒーターやガスヒーター、あるいは薪を燃やす火でした。いまでは、寒い地方の家にはセントラルヒーティングが備わっています。

　もっとも、セントラルヒーティングは現代の発明品ではありません。紀元前200年のローマですでに使われていました。お金持ちの家では、床下や壁のなかに空間を作り、炉で熱した空気や煙をそこに送りこんで外に逃がしていました。ハイポコーストと呼ばれる仕組みです。

　つぎにセントラルヒーティングが用いられるようになったのは、蒸気式ラジエーターが発明された産業革命の時代です。しかし、セントラルヒーティングが飛躍的発展をとげるのは1950年代のことで、家で使える小さくて安全なガス式温水器（ボイラー）が発明されたおかげです。いま使われているのは、ボイラーからパイプでお湯をラジエーターに送りこみ、放射される熱で部屋をあたためるシステムです。

3秒でまとめ

セントラルヒーティングは家を快適に楽にあたためてくれる。

3分でできる 「熱を閉じ込めよう」

用意するもの：おなじ大きさのふたつきの缶かビンを2個、古いジャンパー、温度計。

缶かビンに熱い湯をいっぱいにいれ、ふたをする。片方をジャンパーでくるむ。20分たったら、温度計でそれぞれの湯の温度をはかると、ジャンパーが断熱材となって熱が逃げるのをふせいだことがわかる。ジャンパーの代わりに段ボール紙や脱脂綿、プチプチの包装材でためしてみよう。いちばん断熱効果が高いのはどれだろう。

古代ローマ時代も現代も、セントラルヒーティングの仕組みはおなじだ。一か所で作られた熱が家全体に送られる。

熱せられた空気はレンガ壁の空間を通って屋根から外に逃げる。

古代ローマ時代のハイポコーストでは、炉で熱せられた空気が床下の空間をあたためた。

現代のセントラルヒーティングは、ボイラーで水をあたためる。

サーモスタットが湯の温度をコントロールしている。

熱が放射されると湯はさめる。

さめた湯はパイプを通ってボイラーに戻り、ふたたびあたためられる。

湯

ラジエーター

30秒でわかる
水洗トイレ

定住して家に住むようになるまで、人は好きな場所で用を足していました。ところが、家のなかではそうはいきません。出した便をどうすればいい？お金持ちの家には召使がいて、あとを片づけてくれました。いっぱいになった"おまる"を運び出し、川や、道に捨てていたのです。

大量に便が捨てられた場所は臭いだけではありません。便にはいろいろなバクテリア（細菌）がいて、その多くが害をもたらします。

1597年、イギリスの女王、エリザベス一世は、世界ではじめて水洗トイレを使うという幸運にめぐまれました。発明したのは、彼女の名づけ子、サー・ジョン・ハリントンです。残念ながら臭いはあいかわらずでしたし、便を捨てる手間も解消されていませんでした。こういった問題が解決されたのは19世紀、人々が細菌の危険性に気づいてからです。そこで登場したのが、トイレの汚物を流すための特別なトンネル、下水道です。

サー・ジョンの発明品は時代を先取りしすぎていて、たった2か所にしか作られず、つぎの水洗トイレが現れるまでにさらに200年もかかったのです。

3秒でまとめ

水洗トイレがおまるにとって代わり、細菌や臭いの問題を解決した。

お尻を拭く

中国人は2500年も前から、紙でお尻を拭いてきた。時代によって、国によって、いろいろなものがお尻を拭くのに使われた。雪や石、棒の先につけたスポンジ、割れた壺のかけら、貝殻。当然ながら、水で洗う人々もたくさんいた。19世紀には、古新聞がよく使われた。1857年、アメリカではじめてトイレットペーパーが発売された。発明したのはジョセフ・C・ゲイティだ。

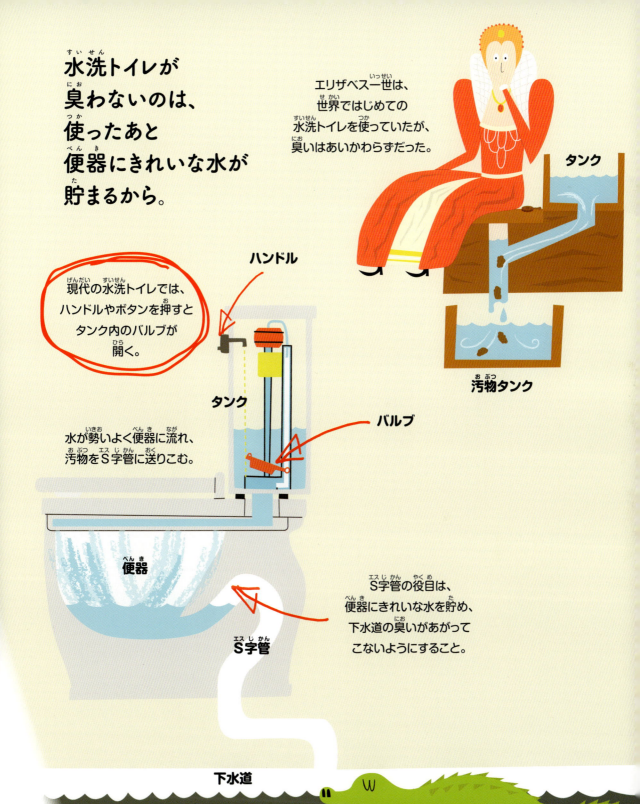

30秒でわかる 電球

マンガの登場人物の頭のうえに電球がともると、名案が浮かんだしるし！ 電球はたしかに世界を変えました。それまで光源として使われていたガス灯や蠟燭、オイルランプは、炎がちらちら揺れて不便でした。電球の登場で、暗くなってもスイッチを入れるだけで、家でもオフィスでも快適にすごせるようになりました。

1870年代、アメリカの発明家トーマス・エジソンと、イギリスの物理学者ジョゼフ・スワンが、ほぼ同時期に電球を発明しました。仕組みはかんたんです。細いワイヤー（フィラメント）に電気を通すと熱を発して光ります。問題は、フィラメントが燃えるのをどうやって防ぐか。空気がなければフィラメントは燃えないので、真空状態にした球内にフィラメントを取りつければ、電球は長持ちするということがわかりました。

いまでは、このような電球（白熱灯）の代わりに蛍光灯を使うことが多くなっています。蛍光灯が発明されたのは1926年。フィラメントを使わずに特別なガスを注入した蛍光灯は、白熱灯とくらべて熱をもたず、効率よく電気を光に変えることができます。

3秒でまとめ

細いワイヤーを電気が通過すると熱と光をうみだす。

3分でできる 「蛍光灯を光らせる」

用意するもの：ふくらませた風船、蛍光灯、手伝ってくれる大人。

暗くした部屋に風船と蛍光灯を置く。風船を髪の毛に60回以上こすりつけて静電気を発生させる。風船を蛍光灯にくっつけるとわずかに光る。これは静電気による光で、蛍光灯が電気によって光るのと、おなじ仕組みによるものだ。

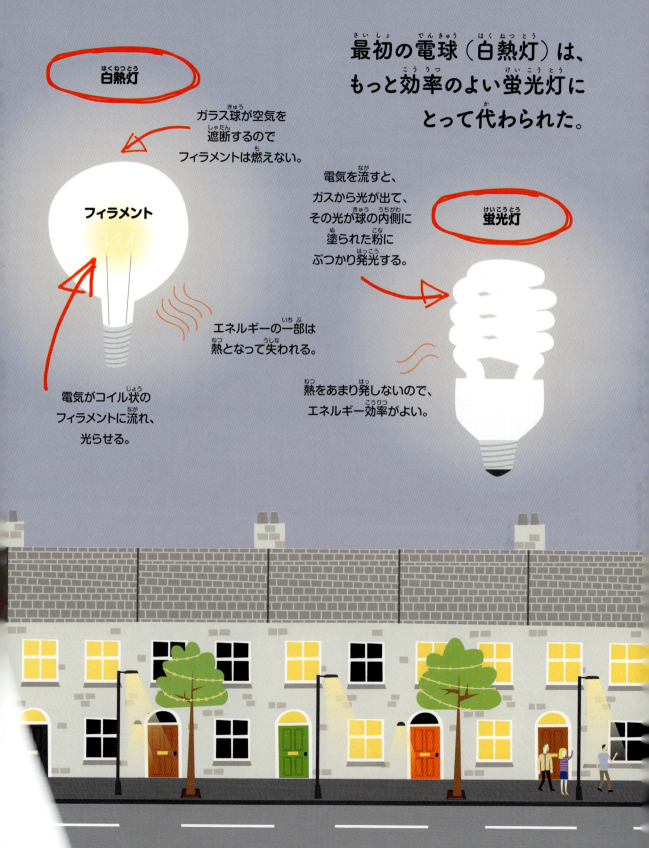

30秒でわかる 化学繊維

ウール（毛）やコットン（綿）やシルク（絹）といった天然繊維は、いまでもいろいろなところで使われていますが、化学繊維の発明により、さらに強くて安い素材が作られるようになりました。

もっとも早く作られた、もっとも重要な化学繊維といえばナイロンです。ナイロンは1935年、アメリカのウォレス・カロザーズによって発明されました。カロザーズがめざしたのは、女性がはく繊細で高価なシルクのストッキングの安い代用品を作ることでした。石油が原料のナイロンは、ストッキングのみならずさまざまなものに使われるようになりました。第二次世界大戦で使用されたパラシュートもナイロン製です。

いまいちばん人気の化学繊維、ポリエステルが生まれたのが1950年代で、以後新しい繊維がつぎつぎに発明されました。化学繊維は布地以外にもいろいろなものに使われています。ギターの弦、料理で使うふるい、防弾ベスト、手術で使う体内で溶ける糸など、用途はさまざまです。

3秒でまとめ

化学繊維で作られたものは、天然繊維で作られたものより強くて安い。

天然繊維vs化学繊維

あなたの服は何でできている？ コットンやウールや麻のような天然繊維？ ポリエステルやナイロンのような化学繊維？ あるいは両方が合わさったもの？ 服についているラベルを見てみよう。化学繊維のよいところは？ まず、強い。それに乾きやすい。原料を収穫したり飼育したりする手間がはぶけるので安く作り、安く売ることができる。欠点は生分解性がないことで、環境を汚すおそれがある。

ナイロンなどの化学繊維は石油などから作られ、糸状にしてからさまざまなものに使われる。

溶かしたナイロン

熱せられた液状のナイロンを、小さな穴が無数にある紡糸口金から押し出して、ナイロン糸が作られる。

冷気でナイロンを冷まし、乾かす。

糸はより合わされ、ローラーに挟まれて滑らかになる。

ナイロンは化学繊維なので、薄いタイツから頑丈で裂けない宇宙服まで、どんな形のものでも作ることができる。

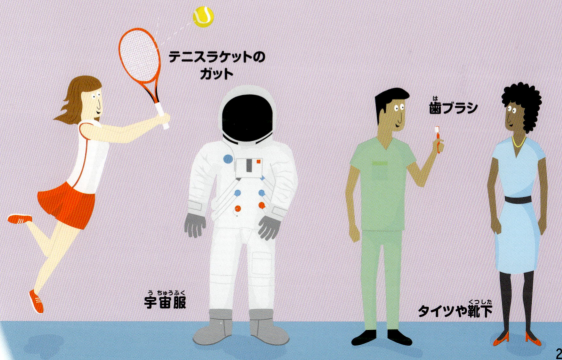

テニスラケットのガット

宇宙服

歯ブラシ

タイツや靴下

コミュニケーション

人はコミュニケーションが大好きです。でも、会話による伝達には限界があります。いくら大声で叫んでも遠くには届かないし、すぐに消えてしまいます。文字の発明は、"歴史"そのもののはじまりと言えるほど重要なのです。その歴史をいろどるのは、コミュニケーションの新しい方法を発明した人々です。文字、印刷、電話、メール……いまでは、地球上のどこにいても、人とコミュニケーションをとることができます。

コミュニケーション用語集

アーパネット 高等研究計画局ネットワークの略。現在のインターネットのもととなった。

インターネット コンピュータの国際的ネットワーク。

インターネット・サービス・プロバイダー(ISP) インターネットへのアクセスを提供する会社。

X線 電磁波の一種で、骨以外の体の部分を通りぬける。

エネルギー ものを変化させる力。電気も原子力も熱も光も音も、すべてエネルギーの一種。

エンジニア 科学の知識を用い、現実の問題を解決するものを作りだしたり、設計したりする人。技術者。

楔形文字 最古の文字で、6000年前にいまのイラクで用いられた。粘土板に楔の形に刻みつけられた。

象形文字 古代エジプトやそのほかの古代文明発祥の地で使われた絵文字。

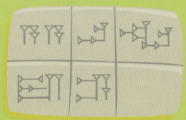

人工衛星 宇宙空間で地球のまわりをまわっている、人間がつくった物体。

大西洋 西端をアメリカ大陸、東端をヨーロッパとアフリカ大陸にはさまれた海。

太陽系 太陽と、太陽のまわりをまわる八つの惑星（地球もそのひとつ）やそれより小さな小天体からなる。

電磁波 空間を伝わるさまざまな波長の波。光や電波、X線、マイクロ波もその一種。

電報 電気を用いて信号化したメッセージを送った初期の通信システム。

特許 発明品に対して政府が与える許可のこと。発明者のアイディアを守る。

変換器 エネルギーをひとつの形からべつの形に変える装置。マイクロフォンもそのひとつで、音のエネルギーを電気信号に変えている。

無線送信機 電波を送るための装置。

ルーター インターネットなどのコンピュータ・ネットワークを使ってデータを送るための装置。

ワールド・ワイド・ウェブ（WWW） インターネット上に情報を提供したり、それを利用したりするための仕組み。

30秒でわかる
筆記

筆記とは、記録することです。メッセージでも詩でも、計算式でも、事実でも物語でも、書きとめれば、アイディアをあとあとまで伝えることができます。筆記はいちばん古い発明のひとつで、紀元前4000年のイラクがはじまりです。

そのころの文字は、わかりやすい絵と単純な線や点を組み合わせたものでした。そこに描かれた絵はひとつの言葉をあらわしていました。中国や日本など、いまもこのシステムが使われているところもありますが、ほかの多くの国では、音をあらわす文字が使われるようになりました。

やがてあらたな発明が生まれ、書くということも変化していきます。紙が発明されたのは中国で、2000年前のことです。鉛筆やボールペンは、木炭や羽ペンに代わるものとして誕生しました。現代のわたしたちはなにか書くのに紙やペンさえ使わず、キーボードやスクリーンを指で叩くだけです。

3秒でまとめ

筆記が発明され、アイディアを記録できるようになった。

3分でできる「象形文字を書いてみよう」

用意するもの: コンピュータかタブレット、あるいはスマートフォン。紙とペン。

古代エジプトの象形文字、ヒエログリフはほとんどが絵で、絵は音をあらわしていた。フクロウの絵は"m"の音、ライオンの絵は"l"の音というように。ウェブサイトで"ヒエログリフ"を検索し、どの絵がどの音をあらわすのか調べ、自分の名前を書いてみよう。

世界各地で誕生した文明
それぞれが、独自の筆記法を
発達させていった。

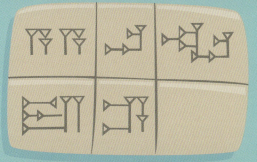

楔形文字（イラク、紀元前4000年）
最古の文字。

古代エジプトの象形文字（紀元前3000年）
絵は言葉か音をあらわす。

漢字（中国、紀元前1100年）
縦書きされる。

古代ギリシャ文字（紀元前800年）
ヨーロッパのいまの文字は
すべてここから生まれた。

マヤ文字（メキシコ、紀元前300年）
もっとも複雑な文字と言える。

30秒でわかる 印刷機

ヨーロッパでは、15世紀になっても、読み書きができる人はそう多くありませんでした。読むものがなかったことも原因のひとつです。手書きの本はあるにはありましたが、めったに手に入らない高価なものだったのです。

西暦200年ごろには印刷が行われていたものの、木の板に1ページ分の文字や絵を彫り、インクをつけて紙に写していたのですから時間がかかります。手で書いたほうが早いくらいでした。1439年、ドイツでヨハネス・グーテンベルクが画期的な印刷方法を発明しました。一度に1ページ分を彫るのではなく、上面に文字が浮き出た金属片（活字）をたくさん作っておき、それを木枠に並べて1ページを作るというやり方です。これなら早く印刷できるので、たくさんの本が安く出回るようになりました。

印刷は世の中をがらりと変えました。金持ちだけのものだった知識が一般に広まると、それに刺激を受けて新しいことをしようとする人が出てきます。科学は飛躍的に発展し、革命や宗教改革が起き、いままでになかった文学作品が生まれ、旅行が身近なものになり、よりよい教育が行われるようになりました。

3秒でまとめ

印刷機は知識を一般の人々に広め、世界を変えた。

たくさん印刷された本ランキング

- 1位 『聖書』（50億部以上）
- 2位 『コーラン』と『毛沢東語録』（どちらも8億部以上）
- 3位 『ドン・キホーテ』 ミゲル・デ・セルバンテス作（5億部以上）
- 3位 『新華字典』（5億部以上）
- 5位 『二都物語』 チャールズ・ディケンズ作（2億部以上）
- 6位 『指輪物語』 J.R.R.トールキン作（1億5000万部以上）

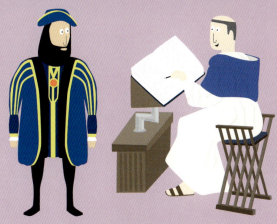

グーテンベルクの印刷機のおかげで、本が安く早く作れるようになり、一般の人たちも読んだり学んだりできるようになった。

手書きの本を買えるのは金持ちにかぎられていた。

グーテンベルクの印刷機で使われるのは金属でできた"活字"だ。これなら組み替えるのもかんたんで、すぐにつぎのページを印刷できる。

上から圧力をかけて紙を活字に押しつける。

活字にインクをつけ、紙をその上にのせる。

チョコレート工場の秘密／指輪物語／不思議の国のアリス／ライオンと魔女／宝島／ハックルベリー・フィンの冒険／たのしい川べ／シャーロットのおくりもの／オリバー・ツイスト／くまのプーさん／ガリバー旅行記／ロビンソン漂流記／ジャングル・ブック／フランケンシュタイン／黒馬物語／ピーターパン

30秒でわかる
電話

電話の歴史でまっさきに名前があがる人、それがアレグザンダー・グレアム・ベルです。実際には、同時代におなじようなアイディアを持った人はおおぜいいました。でも、ベルは1876年に特許をとり、いちやく有名になりました。

ベルが電話のアイディアを思いついたのは、電報の改良に取り組んでいたときでした。電報は電気を使った最初の通信装置です。電報は電気信号を電線で送り、受信地で文字に直すという仕組みです。メッセージを早く遠くに送ることができますが、電報で送れるのは声ではなく信号です。

ベルが考えたのは、エネルギーをひとつの形からべつの形に変える変換器を使い、声を電線で送ることでした。まず電話に組み込まれたマイクロフォンと呼ばれる変換器が、音を電気に変えます。電気は電線で遠くに運ばれ、ラウドスピーカーと呼ばれるべつの変換器によって音に戻されます。こうしてはじめて、返事が届くのを待つことなく、"ライブ"で人と話ができるようになったのです。

3秒でまとめ

電話は電線を使い声を遠くに届けてくれる。

3分でできる「糸電話を作ってみよう」

用意するもの：使い捨てのプラスチックのカップ2個、凧糸か釣糸20メートル、手助けしてくれる大人。

大人に頼み、2個のカップの底に穴をあけてもらう。糸を穴にとおして結び目を作る。友だちに片方のカップをわたし、カップを耳にあて糸がぴんと張る場所まで歩いていってもらう。カップに向かって話してみよう。友だちはあなたの話が聞き取れるはずだ。

糸電話は音波を糸の振動に変えて遠くにいる人に伝える。

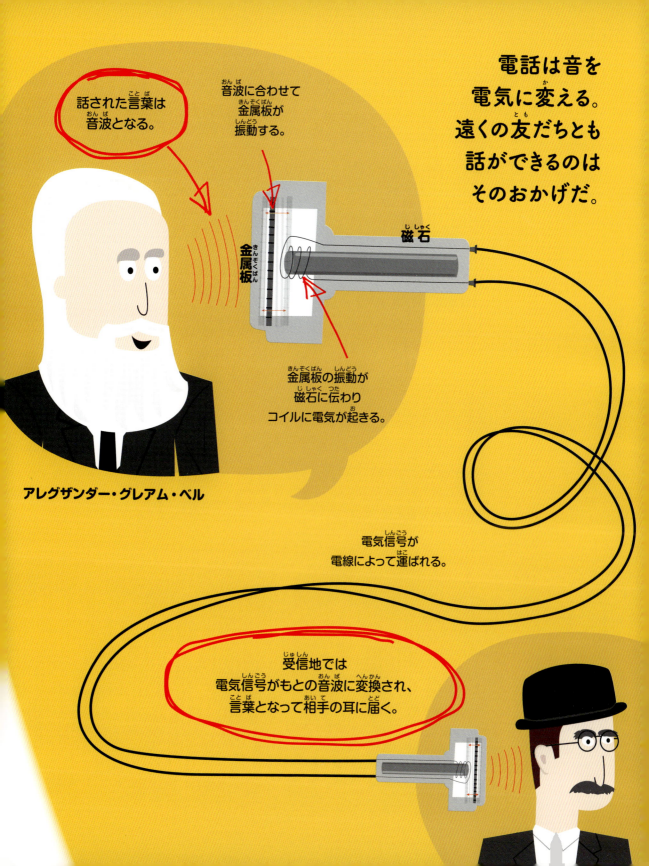

30秒でわかる 無線通信

電話の発明はたしかにすばらしいものですが、電線がないとどうにもなりません。海上の船や辺境の地にいる人と連絡をとるにはどうすればいいでしょう。電線を使わずに信号を送ればいい。つまり無線通信です。

1860年代になると、科学者たちはあたらしく発見された目に見えない波、電波の研究をはじめました。音波とおなじく、電波も空気中を伝わりますが、届く距離は音波よりずっと長いことがわかりました。1890年代に、グリエルモ・マルコーニというイタリアの若い発明家が、大西洋をまたいで無線信号を飛ばすことに成功しました。無線時代の幕あけです。そうして世界中で無線システムが作られました。

初期の無線で送れたのは信号音だけで、メッセージは暗号化されていましたが、やがて声や音楽を送ることもできるようになりました。ラジオ放送のはじまりです。やがて光波を電波に変換する方法が開発され、映像を電波で送ることができるようになりました。テレビの登場です。いまではだれもが持っている携帯電話も、電波を使っています。現代はまさに無線の時代です。

3秒でまとめ

無線によって、電線を使わずに遠く離れた場所と通信できるようになった。

3分でできる「マイクロ波を測定してみよう」

電波は電磁波の一種だ。光やX線、マイクロ波も電磁波の一種。でも、波長（波の山と山のあいだの距離）はそれぞれちがう。

波長を測るには、まずチョコレートバーを皿にのせ、ラップをかけず電子レンジで15秒加熱する。皿を取りだし、チョコレートを観察する。マイクロ波が通りぬけた部分のチョコレートだけ溶けている。その長さがマイクロ波の波長の半分に相当する。

1930年代のラジオ

1907年、発明家たちは人の声や音楽を電波にのせて送る方法をあみだした。

テレビが発明されたのは1920年代で、映像を送るのに電波が使われた。

グリエルモ・マルコーニ

1895年にマルコーニが無線信号を送ることにはじめて成功して以来、さまざまな通信手段に電波が使われるようになった。

携帯電話も電波を使っている。

無線信号は太陽系の外まで届く。

1977年に発射された惑星探査機ボイジャー1号は、地球から200億キロメートル離れたところを探査し、無線で情報を送ってきている。

30秒でわかる
インターネット

通信の分野でいちばん新しい発明、だれもがあっと驚いた発明、それはインターネットです。1969年、アメリカのエンジニアたちがたがいに数キロ離れた4台のコンピュータを電線でつなぎ、メッセージを交換し合いました。この"ネットワーク"はアーパネットと呼ばれました。いまわたしたちが愛用するインターネットのはじまりです。

エンジニアたちが頭を悩ませたのは、メッセージがまぜこぜになることなく4台のコンピュータを同時に話させるにはどうすればいいかということでした。解決策は、コンピュータの会話を数千の小さな塊に分けることでした。この塊がパケットです。それぞれのパケットがメッセージのどの部分におさまるのかがわかっていれば、何本かの電線を使ってばらばらに送っても、送った先でまぜこぜにならずにすみます。

今日のインターネットは、ばくだいな数のコンピュータをつなぐ世界規模のネットワークで、それぞれが電話回線や衛星回線によってつながれています。インターネットのおかげで、世界中のどこの場所の人ともおしゃべりができるし、顔を見ることもできます。情報が一瞬にして海を越えます。いつでもどこでもものを売ったり買ったりできます。そしてこの変化は、まだはじまったばかりなのです。

3秒でまとめ

インターネットは、世界中の人たちと瞬時にやりとりできるコンピュータ・ネットワーク。

ワールド・ワイド・ウェブ（WWW）

インターネットは世界中のコンピュータ同士をつないでくれるが、ウェブページを見たり作ったりできるのは、もうひとつの発明があったおかげだ。それが世界規模の情報プログラム、ワールド・ワイド・ウェブ。インターネットの発明には多くの人がかかわっているが、ワールド・ワイド・ウェブを考案したのはティム・バーナーズ＝リーで、1989年のことだった。

インターネットのおかげで、地球の反対側にいる友だちに瞬時にメッセージを送ることができる。

送信！

電子メールを送る

電波がルーターに送られる。

ルーターは電波を電気信号に変換する。

信号は電話回線をとおって運ばれる。

信号はプロバイダーに届き、そこから無線送信機に送られる。海外との通信には海底ケーブルも使われる。

送信機が電波を宇宙に飛ばす。

人工衛星が無線信号を中継する。

信号をべつのプロバイダーが受け取る。

受信！

移動

人が旅をするのにはいろいろな理由があります。大昔、人はよく移動しました。食べ物を探したり、敵から逃れたり、帝国を築くためだったり。あるいは地平線のかなたに何があるのか自分の目で見たいという欲求のままに移動した人もいたでしょう。いまのわたしたちは、仕事のため、学ぶため、楽しむために旅行します。移動の手段もいろいろに変化し、いまではハイテク宇宙船に乗って地球を飛び出し、宇宙を開発しています。

移動用語集

引力（重力） 地球上で物体が地面についていられるのも、月が地球のまわりをまわりつづけられるのも、この力があるおかげ。

宇宙時代 1957年にはじまる宇宙開発の時代。

エンジニア 科学の知識を用い、現実の問題を解決するものを作りだしたり、設計したりする人。技術者。

エネルギー ものを変化させる力。電気も原子力も熱も光も音も、すべてエネルギーの一種。

キャラック船 15世紀に開発された航行性能のよい帆船。

極 地球や磁石の両端。

クランクシャフト 乗り物のエンジンと車輪をつないで回転させる長い金属製の棒。

グローバル・ポジショニング・システム（GPS） 人工衛星を利用して、ものの正確な位置を知ることができるシステム。

酸素 空気のなかにある呼吸や燃焼に必要な気体。

磁場 磁石のまわりの場所のこと。地球のまわりにも磁場があり、物体を引きつけている。

車軸　車輪を乗り物につけるための棒。

植民地化　ある場所に移住してそこを自分のものにすること。

人工衛星　宇宙空間で地球のまわりをまわっている人間がつくった物体。

スロヴェニア　中央ヨーロッパにある国。

大航海時代　16世紀から19世紀にかけて、貿易や戦争のために人々が大型帆船で航海に出た時代のこと。

大西洋　西端をアメリカ大陸、東端をヨーロッパとアフリカ大陸にはさまれた海。

ターボジェット・エンジン　飛行機に使われるエンジンで、前部で取りこんだ空気を尾部から勢いよく噴射させて前に進む力をえる。

超音速　音の速さ（時速1234キロ）よりも速いスピードのこと。

内燃機関　燃料をシリンダーのなかで燃焼させるエンジン。自動車に使われている。

燃焼　燃えること。

歯車　歯のついた車。いくつも組み合わせて動力を伝達する。

プロペラ　飛行機や船などを進めるための回転する羽根を備えた装置。

ボイラー　水を熱してパイプやポンプで必要な場所に送る装置。

ホースレス・キャリッジ（馬が牽かない車）　初期の自動車の呼び名。

ポータブル　たやすく運んだり動かしたりできること。

30秒でわかる 車輪

身のまわりのいたるところに車輪があります。車輪のない世界は想像できません。いつ、だれが車輪を発明したのか、たしかなことはわかりませんが、2002年に世界最古の車軸つき車輪がスロヴェニアの沼で見つかりました。5000年以上ものあいだ、そこに眠っていたのです。

車輪はどうやって生まれたのでしょう。重くて持ち上がらないものを動かすのは大変ですね。押しても引いてもびくともしないものでも、何本かのまっすぐな丸太の上にのせて押せばかんたんに運べます。

この仕組みが少しずつ改良されていきました。丸太から両端に丸い輪（車輪）のついた細い棒（車軸）を削り出すようになりました。車軸に板をわたして荷台にすれば、重いものを運ぶことができます。やがて車輪と車軸をべつべつに作って取りつけるようになりました。そのほうが作るのがかんたんだからです。

車輪の発明により、人々はより遠くにより速く行けるようになりました。

3秒でまとめ

車輪の発明が、ものや人を動かした。

歯車とギア

新種の車輪が発明されたのは、紀元前350年のギリシャだった。歯車、あるいはギアと呼ばれる歯のある車輪で、いくつかの車輪の歯と歯がかみ合って回転する。それだけではない。かみ合わせる歯車の歯の数を半分にすれば、2倍の速さで回転することになる。回転する速さのちがう歯車をいくつも組み合わせれば機械ができる。たとえば長針と短針のある時計がそうだ。

30秒でわかる 羅針盤

　数千年前の人たちは、自分がこの惑星の上のどこにいるのかわかりませんでした（というより、惑星に住んでいるということすら知らなかったのですが）。旅人は進む方角をきめるのに、東からのぼって西にしずむ太陽をめやすにしていました。

　2000年前、中国の人（だれなのかはわかっていません）が驚くべき器具を発明しました。羅針盤です。板のうえにスプーンのような金属のかけらを置くと、スプーンの先がつねに北を向くという単純な器具でした。どうしてそうなるのでしょう？　羅針盤は磁石ですから、ほかの磁石と引き合ったり、しりぞけ合ったりします。わたしたちが住む地球は、幸運なことに内部に磁石をもっています。うまいことに、その磁石の片方の端は北を、もう一方の端は南を向いているのです。つまり、羅針盤の片方の端はつねに北をさすということです。

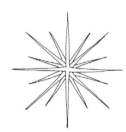

　時代が進むにつれ、スプーン形の羅針盤は水に磁針を浮かべる形に変わり、やがて磁針がピンの上にのる形になりました（方位磁針）。こうしてできた方位磁針は持ち運びがかんたんなので、人々は前よりも楽に探検に出かけ、地球の地図を作れるようになったのです。

3秒でまとめ

磁石でできた羅針盤の針は北をさし、どっちに向かっているか教えてくれる。

3分でできる 「羅針盤を作ってみよう」

用意するもの：針、棒状の磁石、小さな深皿、深皿より小さなふた

針を磁石の一方の端で50回こする（こする方向はいつもおなじにする）。深皿に半分ほど水を注ぎ、ふたを浮かべる。針をふたの上に置く。ふたと針はゆっくり動いて南北の方向を示す。

地球の磁力を利用した羅針盤の針はつねに北をさす。何世紀ものあいだ、旅人は方角を知るのに羅針盤を使った。

中国で生まれた羅針盤は、位置をたしかめるためではなく、占いのために使われた。

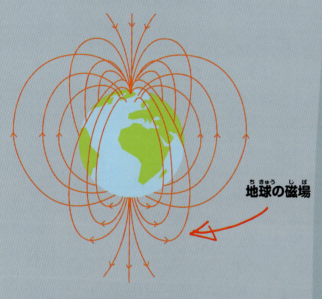

地理的北極／南磁極

地球の磁場

地理的南極／北磁極

14世紀、持ち運びできる羅針盤が作られ、人々は世界探検に出かけた。

現代の羅針盤は、グローバル・ポジショニング・システム（GPS）の人工衛星を利用して北をさすようにできている。

30秒でわかる 帆船

昔の人たちにとって海は危険な場所でもあり、おいしい食べ物の宝庫でもありました。小さなボートを海に浮かべて魚をとったり、海岸沿いに探検の旅をしたりしました。でも、海をわたってよその土地に出かけるには、もっと大きくて速い乗り物が必要です。そこで登場したのが、風を受けて走る帆船でした。

最初の帆船が作られたのは数千年前のエジプトですが、15世紀から16世紀にかけて、西ヨーロッパのいくつかの国でキャラック船が作られ、大航海時代がはじまりました。キャラック船はとても性能がよく、またたくまに地上のあらゆる海を航行するようになりました。有名な探検家のクリストファー・コロンブスが、1490年代に世界一周の航海に出たとき乗ったのも、サンタ・マリア号というキャラック船でした。

探検は物語のはじまりにすぎません。船乗りたちがたどり着いた浜で何を見つけたかで、そのあとの物語は変わってきます。植民地化や貿易に発展することもあり、征服や戦争をもたらすこともありました。そんなふうにして、世界の国々がつながっていったのです。

3秒でまとめ

帆船のおかげで、遠くの国へ行けるようになった。

キャラック船を設計

海をわたるのにもっと頑丈な船が欲しい。その思いがキャラック船の設計につながった。15世紀の西ヨーロッパでは、探検や貿易の規模がどんどん大きくなっていき、世界を旅するのに適したキャラック船が必要だったのだ。それまでの帆船は2本マストだったが、キャラック船には3本から4本のマストと、沖で吹く強風をちゃんととらえられる新式の装置がそなえられた。荒れる海でも安定する大きな船体と、荷物をたくさんおさめられる広い船倉があり、長い航海に向く理想的な船だった。

帆船の出現が、広い海をわたって
よその土地を探検することを可能にした。

古代エジプト人が
最初の大型帆船を作った。

速くて、広々としていて、
安定したキャラック船の誕生が、
16世紀の大航海時代の
幕をあけた。

有名なイタリア人探検家、
クリストファー・コロンブスは
1492年から1503年までのあいだに
8回、キャラック船で大西洋を横断した。

30秒でわかる 蒸気機関車

いまと17世紀とでは、世界はまるでちがうものでした。そのちがいを生みだしたのが蒸気機関の発明です。蒸気機関は、燃料（おもに石炭）を燃やしたときに出るエネルギーでものを動かしました。

初期の蒸気機関は重くてパワー不足でしたが、1870年代になると、イギリスやアメリカのエンジニアたちが、乗り物を動かすための軽い蒸気機関を開発しはじめました。1804年、リチャード・トレビシックがつくった蒸気機関車の試験運転が、短い距離の鉄のレールを使って行われました。1829年には、"ロケット号"という名の性能のよい蒸気機関車が、ジョージ・スティーブンソンによって作られました。また、スティーブンソンはイギリスのストックトンからダーリントンまで、世界で初めての鉄道を敷設しました。

1830年代には、イギリスをはじめ世界各地で鉄道が敷かれていきました。おかげで、工場や農場で作られたものを遠くまで運べるようになり、仕事でも遊びでも、速く遠くまで行けるようになりました。蒸気機関車はずっと前にすたれましたが、電気やディーゼルで動く機関車はいまも活躍しています。

3秒でまとめ

蒸気機関車は蒸気機関の力で人やものを運ぶ。

蒸気機関で動くもの

1769年　最初の蒸気自動車が作られたが、評判にはならなかった。

1893年　ジョージ・ムーアは蒸気機関ロボットを作り、ニューヨークの町を一緒に散歩した。

1897年　最初の蒸気タービンで動く船が作られた。

1933年　蒸気機関飛行機が初めて空を飛んだ。

2001年　新しいロケットエンジンが開発され、蒸気の力で小型人工衛星を宇宙に飛ばした。

30秒でわかる 自動車

蒸気機関車はたしかに便利ですが、最終目的地まで運んでくれるわけではありません。人々がほんとうに必要としたのは、荷馬車や馬車の代わりとなるもの、言いかえれば馬が牽かない車、つまり自動車でした。

問題は何を動力とするかです。蒸気機関は大きすぎるし、動かすのに時間がかかりすぎます。そこにあらわれたのが、クロードとニセフォールのニエプス兄弟が1807年に発明した"内燃機関"です。まさに画期的な大発明でした。蒸気機関ではボイラーの外で石炭を燃やしていましたが、内燃機関では燃焼が起きるのはエンジンの内部です。数十年におよぶ開発のすえ、1879年に内燃機関をそなえた最初の自動車、ベンツ・パテント・モーターカーが作られました。

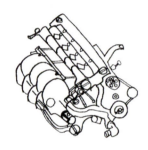

当時の自動車はとても高価でしたが、長い年月のあいだに、自動車はどんどん速く、安くなり、デザインもよくなりました。そしていまや電気自動車の時代です。

3秒でまとめ

鉄道とちがい、自動車はいつでも、行きたい場所まで運んでくれる。

記録破りの自動車

世界一長い自動車 キャデラックのリムジンは長さ30.5メートル、車輪の数は26もある。縦に3台並べると、サッカーのピッチのはじからはじまで届く。

世界一速い大量生産車 ブガッティ・ヴェイロン・スーパー・スポーツは、時速431キロをだした。高速道路の最高時速の4倍以上だ。

世界一速い特別製造車 スラストSSC（1997年）が最高地上速度、時速1228キロを記録した。音速よりも速いスピードだ。

内燃機関が自動車の動力の問題を解決した。

内燃機関では、数個のシリンダーの内部で燃料が爆発し、車輪をまわすピストンを動かす。

① 吸入
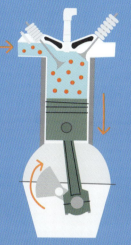
空気と燃料がシリンダーに吸いこまれるとピストンは下がる。

② 圧縮
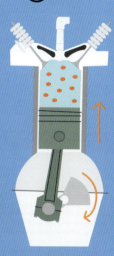
ピストンが上がると、空気と燃料は圧縮される。

③ 燃焼

火花が燃料を爆発させ、ピストンを下げる。

④ 排気

ピストンが上がり、爆発で出た排気ガスが排出される。

いまのハイブリッド車は、電気モーターと内燃機関の両方をそなえている。

ベンツのモーターワーゲン（1885年）

フォードのモデルT（1908年）

いまのハイブリッド車

30秒でわかる
飛行機

人は空を飛ぼうとして、そのたびに失敗してきました。失敗の原因は鳥をまねようとしたことです。鳥の翼を体につけても、それを羽ばたかせるだけの強い筋肉が人間にはありませんし、機械で翼を羽ばたかせるのもたいへんです。

初めて人を乗せて空を飛んだ機械は、熱気球とかんたんなグライダーでしたが、どちらもパイロットの思いどおりに動いてくれません。求められるのは、行きたい方向に飛ぶ動力つきの機械です。1903年、オーヴィル・ライトが兄のウィルバーの力をかり、世界で初めての飛行機で空を飛びました。飛行距離はみじかくても、彼らは空を征服したのです。それから数十年のうちに、世界中の空を飛行機が飛びまわるようになりました。

初期の飛行機はプロペラで飛んでいましたが、スピードにかぎりがありました。1930年、フランク・ホイットルがターボジェット・エンジンを発明し、1947年には、ジェット機が初めて音速より速い超音速を達成しました。今日の大型飛行機はすべて、ジェット・エンジンで飛んでいます。

3秒でまとめ

飛行機はどんな陸地や海も飛び越えて人を運ぶ。

3分でできる「スピードの出る形を知ろう」

飛行機がどれだけ速く飛べるかは、翼の形できまる。まったく同じ長方形の紙を2枚用意する。片方は紙を横にして置き、もう片方は縦にして置き、2種類の紙飛行機を作って飛ばしてみよう。どっちが速く飛ぶだろう。使う紙の横幅をどんどん狭くしてみよう——飛ばすことのできる紙飛行機の横幅にかぎりはあるかな?

飛行機はより遠くへ、より速く飛べるようになった。

1783年、フランスのモンゴルフィエ兄弟の熱気球が空を飛んだ。

世界最初の動力つき飛行機は、アメリカのライト・フライヤー1号（1903年）。

プロペラの力で前進する。

傾いた翼が空気を押しさげて翼を浮かせ、飛行機を飛ばす。

世界初のジェット機は、ドイツのハインケルHe178（1939年）。

エンジン前部から吸い込んだ空気を圧縮して燃焼させ、後部から勢いよく排出して飛行機を前進させる。

アメリカのベルX-1は初めて音速を突破した（1947年）。

パワフルなエンジンと流線形の機体のおかげで、大空を楽に飛ぶことができる。

53

30秒でわかる
宇宙船

人は未知のものにひかれ、探検の旅に出ました。地球上に知られていない場所がなくなったとき、つぎに目指したのは宇宙でした。でも、どうやって行けばいい？ 飛行機ではむりです。飛行機は空気がないと飛べないのに、宇宙には空気がありません。宇宙に行くためのただひとつの動力、それがロケットです。

1926年、アメリカのエンジニア、ロバート・ゴダードがロケットを発明しました。ロケット内にある酸素を利用して液体燃料を燃やす仕組みでした。宇宙時代はここからはじまり、ロケットやロケットで運ばれる宇宙船の開発は一歩ずつ進んでいきました。

最初の有人宇宙船はソ連のボストーク1号で、1961年、ユーリイ・ガガーリンを乗せて地球をまわる軌道に乗りました。8年後、3人の宇宙飛行士が乗った巨大な宇宙船、アポロ11号が月に向けて打ち上げられました。それ以来、宇宙船は太陽系の惑星や衛星を探査し、宇宙ステーションに乗組員を運びました。もうすぐ、宇宙船で地球をまわる軌道に乗って休暇を楽しむこともできるようになるでしょう。宇宙船が宇宙で飛びつづけるために、引力や電気や太陽光なども利用されていますが、宇宙船を宇宙まで運べるのはいまもロケットだけです。

3秒でまとめ

宇宙船は人を月に運んだ。いつか宇宙のどこへでも運んでくれるだろう。

3分でできる 「風船ロケットを作ってみよう」

用意するもの：釣糸8メートル、ストロー、長い風船、セロテープ、手助けしてくれる大人。

ストローに釣糸を通し、6メートル離れた2本の木の幹に釣糸の両端を結びつける。釣糸はぴんと張っておく。風船を膨らませて口を指でつまみ、横にしてセロテープでストローにはりつける。風船付きのストローを釣糸の片方の端まで動かし、風船の口をはなす。

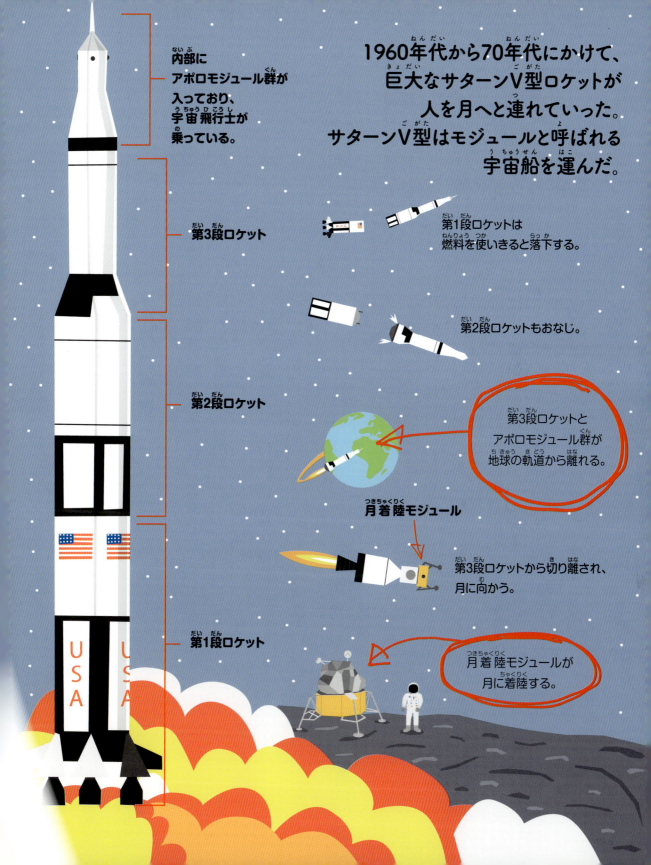

発見する

わたしたちは大昔から、この世界のことを知ろうと努めてきました。そして、いろいろな発明品のおかげで知識を増やすことができました。いまでは、生き物の体のなかをのぞいたり、軌道をまわる人工衛星から地球を眺めたり、数兆キロ離れた星を見たりできます。そして、とてつもなくパワフルなコンピュータを使い、見たものを分析することもできるようになりました。

発見する
用語集

1兆 1億の1万倍。

インターネット コンピュータの国際的ネットワーク。

宇宙 すべてが存在するところ。

X線 電磁波の一種で、骨以外の体の部分を通りぬける。

極 地球や磁石の両端。

屈折 光や音波の進路が曲がること。

グローバル・ポジショニング・システム(GPS) 人工衛星を利用して、ものの正確な位置を知ることができるシステム。

原子 身のまわりのすべての物質を作っている小さな粒子。これ以上分けることはできない粒子と考えられていたが、現在では、原子はさらに小さな中性子や電子などからできていることがわかっている。

コンピュータ 指示を与えて複雑な計算をさせる装置。

重力 地球上で物体が地面についていられるのも、月が地球のまわりをまわりつづけられるのも、この力があるおかげ。

人工衛星 宇宙空間で地球のまわりをまわっている、人間がつくった物体。

歯車 歯のついた車。いくつも組み合わせて動力を伝達する。

母音 日本語だとア、イ、ウ、エ、オ。どの国の言葉も母音を持っている。

レンズ 光を屈折させるガラスやプラスチックの板。

30秒でわかる
望遠鏡

近年、宇宙のことはいろいろわかってきました。どこで生まれたのか、どれぐらい大きいのか、地球は宇宙のどこにあるのか。そういうことを教えてくれたのが、ものをより大きく、より明るく見ることのできる装置、望遠鏡です。

望遠鏡を発明したのはドイツ生まれのオランダのレンズ製作者、ハンス・リッペルスハイで、1608年のことでした。その翌年、イタリアの科学者ガリレオ・ガリレイがその改良型を作りました。それからわずか数夜のあいだに、ガリレオは宇宙にあるいろいろなものを発見しました。それまでの1万年に発見されたものを、はるかに上回る数の発見です。望遠鏡にはさらに改良がくわえられ、何百万光年もはなれたところにある物体をとらえることのできる望遠鏡もあらわれました。

望遠鏡の秘密はレンズにあります。透明なガラスを磨いてレンズを作りますが、レンズは通りぬける光の方向をかえます。ガリレオの望遠鏡に使われたレンズは2枚。大きいほうのレンズが光を集め、小さいほうのレンズが目の上に像を結びます。1671年、アイザック・ニュートンは大きなレンズを湾曲した鏡に置き換えました。いま使われている巨大望遠鏡はすべて、このデザインがもとになっています。

3秒でまとめ

望遠鏡は
遠くのものを
拡大し、
新しい世界を
見せてくれる。

3分でできる 「望遠鏡を作ってみよう」

用意するもの：大きさのちがう虫めがね2枚。

見る対象を選ぶ。夜の街灯や、昼間、地平線上に見える木。小さいほうの虫めがねを目に近づける（もう一方の目はつぶってもよい）。大きいほうの虫めがねを小さいほうの虫めがねに重ね、見る対象がはっきりと見えるところまで大きいほうの虫めがねを遠ざけていく。
けっして太陽を見ないこと！

夜空をながめるのに、
2種類の望遠鏡が使われている。

2枚のレンズを使う 屈折望遠鏡

大きいほうのレンズが
とらえた光は屈折し、
焦点に集まる。

小さい接眼レンズが
くっきりした像を結ぶ。

レンズと鏡を使う 反射望遠鏡

湾曲した大きな鏡で
反射した光は、
焦点に集まる。

2番目の鏡が
光を横に反射させる。

接眼レンズが
くっきりした像を結ぶ。

30秒でわかる X線

　X線は1895年にドイツの科学者、ヴィルヘルム・レントゲンによって偶然に発見されました。ガラス製の管を用いて電子の流れを調べる実験を行っていたレントゲンは、近くにおいてあった蛍光板が光を発していることに気づきました。蛍光板を遠ざけても光ったままなので、目に見えない光——彼はX線と名付けます——が実験装置から出て蛍光板を光らせているのだと結論づけました。

　レントゲンは実験をくりかえし、光を通さない物質をX線が通りぬけることを発見しました。そして、人の体にX線をあてると、筋肉や内臓は通りぬけますが、骨はX線を通しません。これが科学に飛躍的進歩をもたらします。写真乾板に体を当ててX線を照射すると、骨はX線を通さないので骨の写真がとれます。世界初のX線写真に映っているのはレントゲンの妻の手でした。「自分の死を見せられた」と彼女はふるえあがったそうです。

　X線のおかげで体のなかを見ることができ、多くの命が救われました。いまでは、天体観測や原子の構造を調べるなど、ほかの分野でも使われています。

3秒でまとめ

X線は目に見えない光で、体のなかを見ることができる。

3分でできる 「体のなかを見てみよう」

用意するもの：できるだけ大きくて明るい懐中電灯。

暗い部屋で懐中電灯に手を当て、スイッチを入れる。X線と同様、明るい光は筋肉は通りぬけるが、骨にはさえぎられる。レントゲンの妻が見たのもこれと似たようなものだ。

X線の発見により、
いままで見えなかったものが
見えるようになった。

X線装置を使えば、
医者は患者の体に
メスを入れずに皮膚の下を
見ることができる。

チャンドラX線観測衛星は
地球の衛星軌道をまわりながら、
大昔の星の爆発でできた
X線を検出する。

X線はここから入る。

ソーラーパネル

X線カメラ

30秒でわかる
コンピュータ

チャールズ・バベッジは優秀な数学者でしたが気が短く、数表にたくさんの計算まちがいがあることにがまんできませんでした。数表は橋の建設から銀行業務にいたるまで、いろいろな分野で必要とされています。計算ちがいをする人間に代わって、計算をして数表を印刷してくれる機械を作ればいい。バベッジがそう思いたったのは1812年のことでした。

この"階差機関"と呼ばれる機械が完成する前に、バベッジはもっとすごいアイディアを思いつきます。ただ数表を作る機械を作るより、なんでも計算できるようプログラムを組むことのできる機械を作ったらどうだろう？ バベッジはこれを"解析機関"と名づけました。そしていま、わたしたちはこれをコンピュータと呼んでいます。残念なことに、バベッジはこの機械を完成できませんでした。当時の技術では、この機械が必要とする膨大な数の精密な歯車を作れなかったからです。

いろいろな種類の電子機器が発明されたおかげで、ふたたびコンピュータ作りがはじまりました。最初のコンピュータは1940年代に作られ、もっぱら計算に使われましたが、いまやコンピュータはさまざまな情報を処理し、いたるところで使われています。テレビにも、携帯電話にもカメラにも、音楽プレーヤーにも。

3秒でまとめ

コンピュータは人間より速く、確実に情報を処理できる。

情報の圧縮

コンピュータに取りこんだ音声や写真のデータも、扱いやすいように圧縮されることが多い。写真の場合、データを圧縮して量を減らすと、だんだんと画像が粗く、ギザギザが目立ってくる。どのくらいまで写真としてがまんできるだろうか。

最初のコンピュータは巨大であてにならなかったが、
じきに小型で性能のよいものが作られるようになった。
コンピュータはますます小型に、ますますパワフルになっている。

チャールズ・バベッジの
解析機関（最初のコンピュータ）は
機械仕掛けで、計算を行うのに
たくさんの歯車が必要だった。

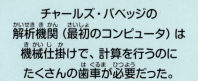

1940年代に作られた
最初の電子コンピュータ、
"エニアック"は軍用で、
非常に大きかった。
いくつもの部屋に
またがって置かれ、
計算をするのに
2万3000個の
電子部品を必要とした。

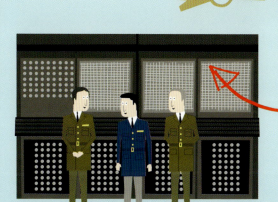

現代の高性能コンピュータの
"脳"（CPU＝中央処理装置）は、
ハチ1匹の大きさの小さなマイクロチップの
なかにおさまっている。

30秒でわかる 人工衛星

人工衛星は地球のまわりをまわっています。おなじように地球のまわりをまわる月とちがって、人工衛星はロケットで上空まで運ばれます。世界初の人工衛星のスプートニク1号は、1957年ソ連によって打ちあげられました。競争相手のアメリカに、技術のすごさを見せつけるためでもありました。それから、ソ連とアメリカの人工衛星打ちあげ競争がはじまります。

宇宙へと打ちあげられた人工衛星は、軌道に乗るとあとは動力の助けを借りずにまわりつづけますが、スピードはゆっくりになります。

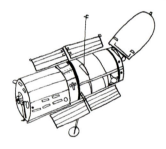

人工衛星は無線信号を送ったり受けたりして地球と交信しながら、いろいろな仕事をこなしているのです。搭載している望遠鏡で宇宙を観測するのも仕事のひとつで、地球から見るよりずっと鮮明な画像が撮影できます。気象観測や、位置を知らせること(GPS)、敵国をスパイしたり、大陸からべつの大陸へと電話やインターネットのデータやTV番組を中継したりするのも人工衛星の役目です。人を乗せた人工衛星もあり、宇宙ステーションと呼ばれています。

3秒でまとめ

人工衛星は地球のまわりをまわり、情報の中継、科学研究、スパイ活動などを行う。

3分でできる「人工衛星」

用意するもの：大きくて軽いプラスチックの皿、テニスボール。

皿にテニスボールを乗せてまわす。ボールが皿のふちを一定のスピードでまわるようになるまで、スピードをあげてゆく。ゆっくりすぎたり、速すぎたりしたら、ボールはどうなる？

人工衛星も軌道上を正しいスピードでまわらなければならない。遅すぎると地球の重力に引っ張られて落ちるし（ボールが皿のまんなかへ寄ってしまう）、速すぎると宇宙のかなたに飛んでいってしまう。

人工衛星は
地球のまわりをまわりながら、
いろいろな仕事をする。

国際宇宙ステーションは、
いろんな国の宇宙飛行士が働く
研究施設だ。

フランスの人工衛星"スポット"は
地球の気候や植生を観測する。

インテルサット28号は、
電波を使い、
ひとつの国からべつの国へ、テレビと
インターネットの信号を送っている。

月

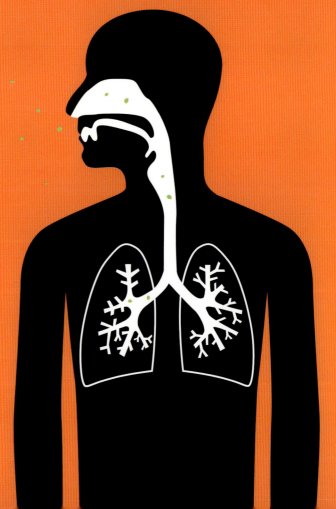

医学

医療にまつわる発明ほど人々から強く求められるものはありません。医療の分野では、初期の大発明のカギは、自然に存在するもののなかに、役に立つものを見つけることでした。科学の進歩にともない、目的にあった薬や治療法を生みだすことができるようになり、いまでは多くの病気を治療できるようになりました。

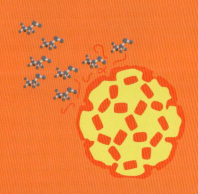

医学用語集

移植 体の一部をほかのものと取りかえること。

インプラント 体内に取りつけられる人工的な組織・器官。

ウイルス 生物にとても近い複雑な化学物質。病原体の一種。顕微鏡でしか見えない。

抗生物質 バクテリアを殺す薬品。ペニシリンなど。

殺菌・消毒薬 病原体をやっつける薬品。

心臓ペースメーカー 心臓が正常なリズムで拍動しない人に取りつける装置。取りつけることで、心臓は正常に拍動できるようになる。

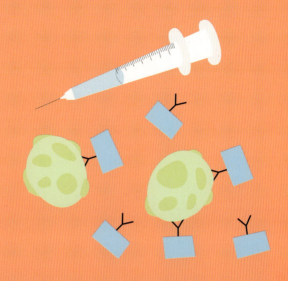

全身麻酔 長時間の大手術のときにおこなわれる、患者を眠らせるための強力な麻酔。

天然痘 過去に多くの人の命をうばった危険な病気。

バクテリア(細菌) 目に見えない小さな生物。病気をひきおこすものもあり、病原体の一種である。

病原体 病気をひきおこす小さな生物(バクテリア)やウイルス、カビなど。

麻酔薬 患者に痛みを感じさせないために手術で使われる薬品。

免疫 病原体などから体をまもるしくみのひとつ。ある病気に一度かかると、同じ病気にはかかりにくくなる。

ワクチン 特定の病気にかかるのを防ぐ薬。

30秒でわかる
ワクチン

エドワード・ジェンナーは、18世紀に生きたイギリスのいなかの開業医でした。当時は天然痘が流行していましたが、医者たちにできることはありませんでした。天然痘は命を奪うおそろしい病気で、治っても顔にひどいあばたが残りました。

ジェンナーは、乳しぼりの娘たちが天然痘にかからないという噂を耳にしました。乳しぼりの娘たちが、天然痘に似た牛痘にかかりやすいことは知っていました。牛からうつる牛痘は、天然痘にくらべれば軽い病気でした。これが答えになるのではないか？　ジェンナーは考えました。

ジェンナーは危険な実験にとりかかります。牛痘にかかった乳しぼりの娘の水疱から取ったうみを健康な少年に接種して牛痘にかからせ、つぎに天然痘の病原体を接種したところ、少年は天然痘にはかかりませんでした。免疫ができていたからです。ジェンナーは多くの命を救いました。病気を予防するのに、おなじ方法がいまでも使われています。

3秒でまとめ

ワクチンは病原体との戦い方を体に教える。

命を救うワクチン

ワクチンは多くの命を救ってきた。動物にかまれて広がる狂犬病のワクチンは、1885年、狂犬病にかかったウサギの脊髄から作られた。おなじころにはコレラのワクチンも作られている。腸チフスのワクチンができたのは1896年のことで、第一次世界大戦中に兵士たちに接種された。ジェンナーの発見から2世紀がすぎ、ワクチンのおかげで地上から天然痘はなくなった。

はしかからインフルエンザまで、ワクチンは多くの病気の予防に役立っている。

- インフルエンザのワクチンが接種されると、抗原と呼ばれる弱いウイルスが血液のなかをめぐる。
- 体のなかで免疫細胞が作られ、抗原をやっつけようとする。
- インフルエンザウイルスが体のなかに入ってきても、免疫細胞が待ちかまえている。
- 免疫細胞はインフルエンザウイルスを見つけだしてやっつける。

免疫細胞

抗原

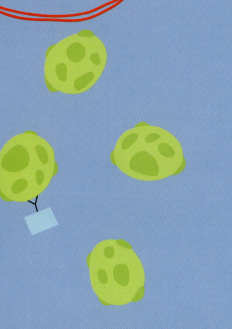
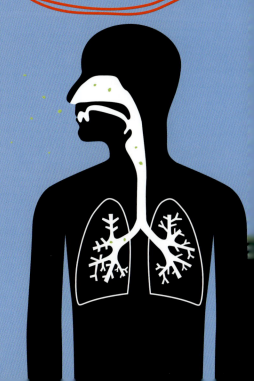

30秒でわかる
麻酔

数百年前まで、手術はおそろしいものでした。脚の傷が化膿しようものなら、無理やり押さえつけられ、のこぎりで脚ごと切り落とされたのですから。切り口には熱したタールを塗っておしまいです。

1799年、ハンフリー・デイヴィーがすごい発見をしました。亜酸化窒素（またの名を笑気）と呼ばれる気体には、人をクスクス笑わせ、痛みを軽くする効果があるというのです。その後、もっとよくきく化学物質が見つかりました。人を痛みのない深い眠りに誘う麻酔薬です。

麻酔は患者に痛みを感じさせないだけでなく、患者を静かに眠らせることによって、長時間の手術を可能にしました。おかげでいろいろな手術が行えるようになったのです。

1897年にアスピリンが発明され、頭痛のようなよくある不調も治せるようになりました。医療にとって痛みを抑えることはとても大事で、いまではほとんどの痛みを軽減したり、取りのぞいたりできます。

3秒でまとめ

麻酔は苦しくない手術を可能にした。

麻酔が登場する前の手術

19世紀以前には、手術は最後の手段だった。麻酔もなく、痛みをこらえるために嚙む木片があるだけで、手術をしても助かる可能性は低かった。ロンドンの病院では、手術を受けた患者の10人に8人が、出血多量や感染症、あるいはたんに手術のショックによって手術後に死んだ。多くの人が手術を拒否したのも無理はない。

麻酔により、手術は痛みの少ない安全なものになった。

麻酔ができるようになるまで、手術は最後の手段だった。

笑気は最初の麻酔薬のひとつで、神経が脳に痛みの信号を送るのをさまたげる。

全身麻酔は人を深い眠りに誘い、長時間の大手術を可能にした。

30秒でわかる
殺菌・消毒薬

病気のもとがつきとめられたのは19世紀になってからです。ルイ・パスツールをはじめとする科学者が、顕微鏡でしか見えないほど小さな"病原体"によって病気がひきおこされることを証明したのです。病原体には、バクテリア（細菌）と呼ばれる小さな生物や、ウイルスと呼ばれる複雑な化学物質があります。

病気をひきおこすバクテリアが発見されるとじきに、それを殺すやり方もわかってきました。たとえば牛乳はあたためるだけで殺菌できます。むずかしいのはヒトの体の表面や内部にいるバクテリアを殺す方法です。

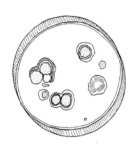

手術が成功しても、そのあとの感染症で多くの人が命を失いました。1867年にジョセフ・リスターが、フェノール（石炭酸）に殺菌作用があることを発見しました。肌や手術道具についたバクテリアを殺してくれる殺菌・消毒薬です。

殺菌薬の王さまともいえるペニシリンがアレグザンダー・フレミングによって発見されたのは1928年のことですが、それはまったくの偶然でした。ペニシリンはブルーチーズに生えるカビから作られた世界初の抗生物質で、体内のバクテリアを殺す力をもっています。ペニシリンはたくさんの人の命を救い、いまも使われています。

3秒でまとめ

殺菌・消毒薬と抗生物質は病原体をやっつけて、人の命を救う。

3分でできる 「カビを生やす」

用意するもの：ビーフのブイヨン、透明なコップ2つ、ラップ、手助けしてくれる大人。

ブイヨンをお湯でとかし、2つのコップに半分まで入れる。両方のコップを電子レンジで沸騰させ、さましてから片方はラップをして、もう片方はそのままにしておく。2つともあたたかい場所に置く。一週間ほどすると、片方にはカビが生え、もう片方には生えていないことがわかる。沸騰させたことで両方のコップは消毒されたが、ラップをしなかったほうには、空気中のほこりに付いたカビが入って、増えたのだ。

抗生物質は体内のバクテリアを殺す

抗生物質

抗生物質の一種のペニシリンは、バクテリアの細胞壁を破壊する。するとバクテリアは、中身だけになって死ぬ。

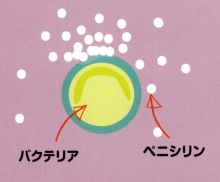

バクテリア　ペニシリン　バクテリアの中身

消毒薬は体の表面についた病原体をやっつける。

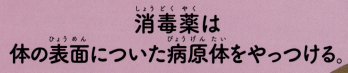

消毒薬の一種エタノールは、ウイルスを形作る長くて丸まった糸をほぐし、ばらばらにしてやっつける。

すりむいた傷口を消毒薬で拭くことで、体内に入る前に病原体をやっつけることができる。

エタノール

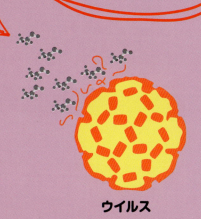

ウイルス

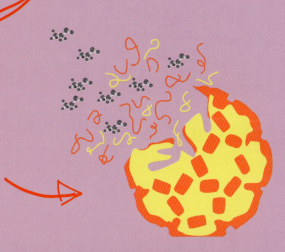

30秒でわかる インプラント

人の体は小さな部品からなる機械です。心臓は血液を送りだすポンプ、目はカメラ、筋肉はモーター。機械の部品は故障したり、古くなったり、いたんだりしたら交換できます。人の体の部品もおなじです。

体内にとりつけられる人工的な組織・器官のことをインプラントといいます。義足や義手のようなかんたんなインプラントは数千年前から用いられていましたが、現代のそれはまるでほんものです。1964年に発明された筋電性の義手は、ほんものとおなじように脳によって動きがコントロールされます。

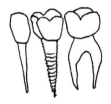

体のなかにとり付けられるインプラントのひとつが、1932年に開発された心臓ペースメーカーです。その後、義歯や補聴器、人工眼などが開発されました。数年前から、科学者たちはヒトの体の一部から移植用の組織を培養しはじめました。これに成功すれば、体のなかで取りかえのきかない部品はなくなるでしょう。

3秒でまとめ

体の多くの部分が機械と取りかえられる。

3分でできる 「スーパーインプラントを考えてみる」

将来、人の体の働きを高めるためにインプラント手術が行われるようになるかもしれない。たとえば、長持ちする心臓、汚染物質をろ過できる肺、より強い筋肉。特別な記憶力や熱線を見る力をつけることもできるかもしれない。どんなスーパーインプラントを選ぶかな？ 自分で考えて、絵に描いて名前をつけてみよう。

インプラントとは、
働かなくなったり、傷ついたりした
体のなかの部分と取りかえる
人工的な組織・器官。

人工内耳は
マイクで拾った音を
信号にかえ、
耳の聞こえない人の
聞こえを助ける。

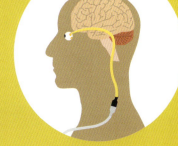

目に埋めこまれた
インプラントは、
電気信号を脳に送ってものが
見えるようにする。

脳がコントロールする
ロボットアームは、
筋肉の代わりに
モーターで動く。

すり減った股関節の代わりに
移植された金属の球とソケット。
体のなかに埋めこむ
インプラントには、
体が拒絶反応を起こさない
素材が選ばれる。

心臓ペースメーカーは
心臓に電気刺激をあたえ、
拍動をコントロールする。

産業

わたしたちが暮らすこの世界は、ひとつの巨大で複雑な発明品——食物を育て、ものを作って売り、家を建て、発電するシステムをひとつにまとめた発明品——といえるかもしれません。それぞれのシステムはひとつの産業からなり、それぞれの産業にはキーとなった発明品があります。

産業用語集

ウラン 原子炉の燃料となる放射性元素。

エネルギー ものを変化させる力。電気も原子力も熱も光も音も、すべてエネルギーの一種。

原子 身のまわりのすべての物質を作っている小さな粒子。これ以上分けることはできない粒子と考えられていたが、現在では、原子はさらに小さな中性子や電子などからできていることがわかっている。

原子核 原子の芯の部分。

原子炉 発電のために核燃料からエネルギーをとり出す装置。

元素 物質を作っている原子の種類のことで、自然には約90程度の元素がある。酸素やラジウムも元素のひとつ。

コンピュータ 指示を与えて複雑な計算をさせる装置。

作動装置 ロボットのアームやほかの部分を動かす装置。

タービン 風や水や蒸気によって回転する羽根をそなえた装置で、ほかのものを回転させる。

中性子 原子を構成する粒子。原子から引き離され、ほかの原子を壊すのに使われる。

電子機器 電子と呼ばれる電気をもった小さな粒子の働きで動く装置。

トランジスタ 電気の流れの方向や量をコントロールする装置。

発電機 力学的エネルギー(たとえばタービンで作られたエネルギー)を電気に変える装置。

分裂 二つ以上に分かれること。

ボイラー 水を熱して、水蒸気などをパイプやポンプで必要な場所に送る装置。

崩壊 ばらばらになること。放射性の原子は崩壊する。

放射性元素 危険な光や粒子の流れである放射線を自然に出す元素。

ラジウム 闇のなかで光り、けっして冷えることのない放射性元素。

ルビー 初期のレーザーに使われた宝石。

レーザー 光の束になって一方向に直進するレーザー光を作る装置。レーザー光には大きなエネルギーをもつものもある。

ロボット 人が行う複雑な仕事を代わりに行えるように、プログラムが組み込まれた機械。

Wi-Fi 電線ではなく電波をもちいて、電子機器同士をつないだり、電子機器とインターネットをつないだりする無線技術。

30秒でわかる
トランジスタ

テレビやコンピュータや携帯音楽プレーヤーなどの装置は、電気でコントロールされています。そういうものを電子機器と呼び、内部にトランジスタが組みこまれています。

トランジスタは水の流れをコントロールする蛇口に似ていて、電気を流したり、その量を多くしたり、止めたりする働きをしています。1947年に発明された当時のトランジスタは、高さが数センチありましたが、いまのトランジスタは顕微鏡でないと見えないぐらい小さく、ひとつの電子機器に数百万個が組みこまれているのです。

トランジスタは20世紀最大の発明品だという人もいます。トランジスタはそれ以前に使われていた真空管より小さく、頑丈で長持ちし、速くて安くて省エネです。おかげで、電子機器も小さく、安く、頑丈で速くなりました。トランジスタがなければ、車も洗濯機もコンピュータも、いまよりずっと大きくて性能も低いままだったでしょうし、携帯電話やノートパソコンは存在すらしていないでしょう。

3秒でまとめ

トランジスタは電子機器を小さく、速く、安く、性能のよいものにした。

ロックンロール・ラジオ

ラジオはトランジスタのおかげで変身をとげた。昔のラジオは高価で大きくて重く、持ち運びができなかった。1954年に開発されたトランジスタラジオは、安くて小さく、電池で動くので、好きなときに好きな場所で、好きなものを聞けるようになった。トランジスタのおかげだ。

30秒でわかる
原子炉

1902年、マリー・キュリーは夫のピエールとともに、瀝青ウラン鉱と呼ばれるふしぎな黒い鉱物から新しい化学物質を抽出することに成功しました。この化学物質は闇のなかで光り、つねに熱を発していました。成分のひとつが放射性元素であるラジウムだったからで、放射線を発していたのです。

放射性の原子は分裂（"崩壊"とも呼ぶ）することにより熱を発します。この崩壊のたびに中性子が放出され、小さな弾丸のような粒子である中性子はさらなる崩壊を引きおこし、熱の連鎖反応が起きるのです。原子炉は、この中性子が適切な量の熱を発生するように設計されています。

1942年、レオ・シラードは、アメリカのシカゴ大学で行われた、放射性元素ウランを使った世界初の原子炉建設実験に加わりました。この実験は成功し、1950年代には、いくつかの国で原子炉が建設されました。原子炉が作りだすエネルギーはすさまじいもので、わずか1グラムのウラン235から、石炭3トン分のエネルギーが生産されるのです。現在、世界中の電気の約11パーセントを原子炉がまかなっています。

3秒でまとめ

原子炉は原子のなかに閉じこめられたエネルギーを使って電気を起こす。

3分でできる「原子炉を作ってみよう」

用意するもの：テニスボール10個、トイレットペーパーの芯を9本。

芯を並べて立て、その上にテニスボールをのせる。残った1個のボールをゆっくり転がして芯の列にぶつける。ボールは順番に落ちて転がる。このボールが中性子。このように、ゆっくりと順番にボールを落として転がすのが原子炉の仕組みだ。

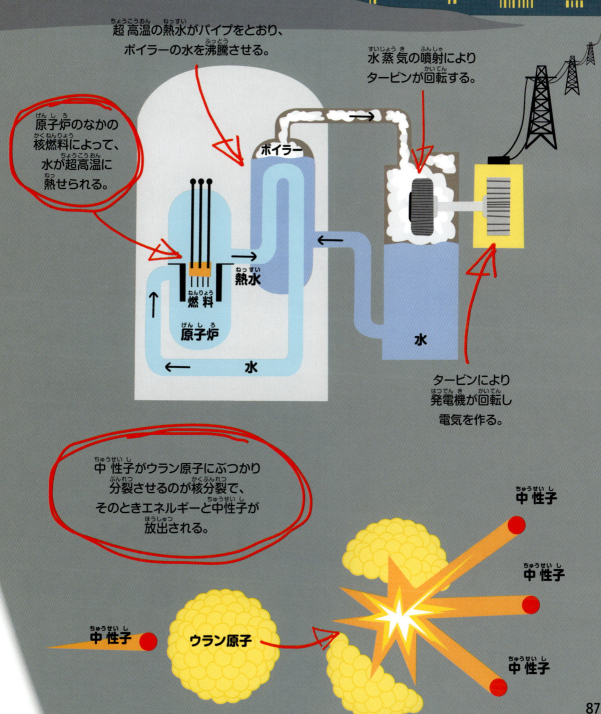

30秒でわかる レーザー

レーザーは特殊な光（レーザー光）を作る装置です。レーザー光は、色は1色で、広がらずに一点に集中するとてもパワフルな光です。アルベルト・アインシュタインが1917年にアイディアを思いつきましたが、じっさいには1960年、セオドア・メイマンという科学者によって発明されました。

メイマンは向かいあった二枚の鏡のあいだにルビーを置いて、レーザー光を作りました。ルビーにライトをあてると赤く光ります。この赤い光は片方の鏡に反射してルビーのなかを通り、もう一方の鏡に反射します。こうして二枚の鏡のあいだで反射がくりかえされ、ルビーを通るたびに光は明るさをましていき、ついには、まぶしく輝く赤い光が外へと逃げだしました。これが世界初のレーザー光です。

1960年当時は、だれもレーザーの使い道を知りませんでした。ふつうは先に問題があってその解決策を求めますが、この場合は逆です。解決策が問題を求めていたのです。でもいまレーザーは、目の手術から金属の切断、それまで考えられなかったほど正確な距離の測定など、いろいろな分野で使われています。

3秒でまとめ

レーザーはまったく新しい人工の光を生みだし、産業や科学の分野でパワフルな道具として使われている。

人工の太陽

世界一パワフルなレーザーは、アメリカのカリフォルニア州にある。その仕事は水素をふくむ小さなペレット燃料をこなごなにすることだ。強いレーザー光はペレット燃料を数千万度まで加熱する。これによって、太陽で起きているのとおなじ核融合を起こし、発電しようというアイディアだ。

レーザー光は、
自然の光とはまるでちがい、
どんな光にもできないことを
なしとげる。

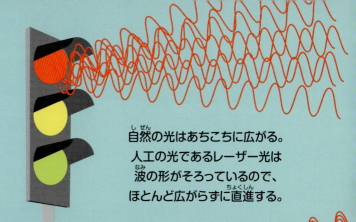

自然の光はあちこちに広がる。
人工の光であるレーザー光は
波の形がそろっているので、
ほとんど広がらずに直進する。

レーザーペン

レーザー光には、一番弱いクラス1から、
もっとも強いクラス4まで4段階ある。

クラス1
CDやDVDプレーヤー

クラス2
バーコードリーダー

クラス3
ライトショー

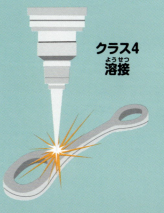

クラス4
溶接

30秒でわかる
ロボット

19世紀になって世界中にたてられた工場では、人々が単調で退屈でときに危険な作業をしていました。やがて機械化の時代がおとずれ、工場の仕事は改善されましたが、問題は機械はたったひとつの決まった仕事しかできないということでした。

1961年、ユニメートと呼ばれる新しい機械が、アメリカの自動車工場に導入されました。プログラムしだいでたくさんの異なる作業ができる産業用ロボット第一号です。ロボットは人間とよく似ています。頭脳（コンピュータ）があり、筋肉（モーター）や感覚器官（センサー）や動力源をそなえています。

いまでは自動車やコンピュータ作りなどいろいろな仕事が、ほとんどすべてロボットの手で行われています。ロボットが人の代わりをしているのは、工場にかぎりません。宇宙探査や海底ケーブルの修理、不発弾処理や複雑な手術など、人間よりロボットのほうがうまくやれる仕事はいろいろあります。

3秒でまとめ

ロボットはいろいろなことを、わたしたちより上手にできる。

3分でできる 「ロボットをデザインしよう」

❶ まず最初に、ロボットに何をさせたいのか考える。部屋のそうじ、宿題、木登り、それとも犬の散歩？

❷ ロボットにはどんな"作動装置"（手とか腕とか）が必要だろうか。触手？ なげなわ？ 車輪？

❸ ロボットにまわりの環境を感知させるにはどうすればいい？ 人間がもっている感覚にかぎる必要はない。Wi-Fiを使ったり、レーダーを内蔵したりしてもいい。

❹ きみの発明を絵に描いて名前をつけよう。コンピュータ化された頭脳と動力源を忘れてはならない。

ロボットはわたしたちの生活を変える。
退屈な仕事でも危険な仕事でも、
プログラムすればどんな仕事でも
やらせることができる。

スパイロボットは
Wi-Fiを使って
音と映像を本部に送る。

無線アンテナ

カメラ

地下の生命体を
見つけるために
穴をあける。

自動調整グリップがついた
作動装置

火星探査機、愛称キュリオシティは、
2億5000万キロを旅して火星に到着した。
みずからの判断で身を守るように
プログラムされている。

組立ラインの
ロボットアームは、
速くて強くて正確だ。

掃除ロボット

リモートコントロールの
消火ロボット

すばらしい科学者たち

東京理科大学学長　藤嶋　昭

山路来て　何やらゆかし　すみれ草

松尾芭蕉の有名な句です。紫色のすみれを見ると心がきれいになった気持ちになるものです。植物学者の牧野富太郎は「雑草という名の草はない」と言いました。道端に生えている代表的な草の中に、通称「ネコジャラシ」と呼ばれているエノコログサがあります。エノコログサは「犬っころの草」という意味、つまり子犬のしっぽです。英語ではフォックステールグラスといい、キツネのしっぽという意味です。一つの草の名前にも猫と犬とキツネの名前が関係しています。このように、草の名前には色々な由来があります。草の名前を10個くらい覚えると、道を歩くのが楽しくなりますよ。

さて、私は研究者として人生の多くの時間を過ごしてきました。そこで、皆さんには私が尊敬する素晴らしい研究者の方々のエピソードを幾つか紹介します。

まずは500年ぐらい前のヨーロッパのことを考えてみましょう。月を初めて望遠鏡で見て、月の表面がツルツルではなく、クレーターが沢山あることを見つけた人は誰でしょうか。イタリアのピサ出身のガリレオ・ガリレイですね。日本では江戸時代の始め、17世紀初頭のことです。ガリレオは太陽のまわりを地球が回っていることを主張して宗教裁判にかけられました。ガリレオが1642年に亡くなると、同じ年にイギリスでアイザック・ニュートンが生まれます。ニュートンは庭のリンゴの木を見ていてなぜリンゴが下に落ちるのかを考え、万有引力の法則を見つけたと言われています。さらに太陽の光が赤から紫までの光でできていることや虹のできる理由を考えるなど、自然に起こる現象を説明しています。

同じくイギリスのマイケル・ファラデーもすばらしい人ですね。江戸時代の終わり頃、一人でコツコツと実験し、沢山のことを発見しましたが、その代表的な成果は電気を作ることを実験で示したことです。コイルを巻いて、磁石を出し入れして電流が流れることを見つけました。ロンドン市民のためにロウ

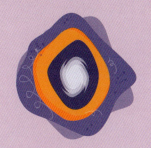
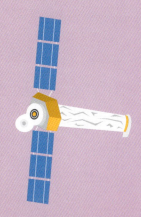

ソク1本だけを使って科学のおもしろさを話したことでも知られています。

彼らは科学者として簡単に成功したわけではありません。地道な研究と努力の積み重ねの結果、素晴らしい研究の成果を得たのです。

では次に、皆さんの部屋にもある電気について考えてみましょう。わずか200年前、日本では家の中の明かりは行灯かロウソクでした。アメリカのトーマス・エジソンが、明るく光る電球を作るためフィラメントに京都の竹を使うなど工夫をした話は知られていますが、今では蛍光灯からＬＥＤへ発展していますね。さらにレーザーの光などもいろいろなところで利用されています。

陸上での移動手段も大きく変わりました。昔は、自分の足で歩くか馬に乗るしかなかったのですが、まずは自転車が発明され、さらにイギリスのジェームズ・ワットによる蒸気機関の発明で汽車ができ、ドイツのカール・ベンツによってガソリン自動車の時代を迎えました。今では道を歩くにも注意が必要なほど音の静かな電気自動車が増えてきましたし、燃料電池を使った自動車も注目されていますね。自動車の進歩もすごいですが、日本の新幹線の技術も素晴らしいです。新幹線に乗って日本中どこにでも早く行くことができるようになりました。

皆さんが健康に過ごすために、医学の発展は欠かせません。ドイツのヴィルヘルム・レントゲンによりＸ線が発見され、今では医学を始め各方面でＸ線が使われています。狂犬病といえば昔はおそろしい病気でしたが、免疫という考えのもとワクチンの開発に成功したのがフランスのルイ・パスツールですし、日本人では野口英世や北里柴三郎などの研究が知られています。また、2015年に熱帯の寄生虫が原因でおこる深刻な目の病気の治療法の開発でノーベル生理学・医学賞を受けられた大村智先生の研究もすばらしいものです。医学の発展によって、かつて50年だった人間の寿命が今では80年以上になりました。

このように、私たちの身近な暮らしの中には、世界中の多くの科学者たちの発見によって作られたものがたくさんあります。皆さんも色々なことに興味を持ち、こうした偉人たちの本を読んでみてください。きっと新しい驚きが見つかります。

索引

あ行

アインシュタイン、アルベルト　88
麻　10, 12
亜麻　10, 12
印刷機　30-31
インターネット　26, 36-37
インターネット・サービス・プロバイダー　26, 37
インプラント　70, 78-79
引力　40
ウイルス　70, 73, 76-77
宇宙　58, 60, 66, 90
宇宙船　54-55
ウラン　82, 86-87
エジソン、トーマス　20
X線　26, 62-63
エネルギー　10, 21, 86-87
エリザベス一世　18-19
エンジニア　7, 26
おまる　10, 18
織物　9, 12-13

か行

カエティ、ジョセフ・C　18
ガガーリン、ユーリイ　54
化学繊維　22-3
ガリレオ・ガリレイ　60
カロザーズ、ウォレス　22
キャラック船　40, 46-47
キュリー夫妻（マリーとピエール）　86
グーテンベルク、ヨハネス　30-31
楔形文字　26, 29
屈折　58, 61
クランクシャフト　40, 49
グローバル・ポジショニング・システム（GPS）　40, 45, 66
原子　59, 62, 86-87
原子炉　82, 86-87
元素　82
抗生物質　70, 76-77
ゴダード、ロバート　54
コロンブス、クリストファー　46-47
コンピュータ　14, 59, 64-65

さ行

サーモスタット　10, 17
殺菌・消毒薬　70, 76-77
産業革命　10
酸素　40, 54
ジェット・エンジン　52
ジェンナー、エドワード　72
自動車　50-51
磁場　40
車軸　41-43
車輪　42-43, 49, 51
蒸気機関車　48-50
象形文字　26, 28-29
シラード、レオ　86
人工衛星　27, 37, 41, 57, 59, 66-67
心臓ペースメーカー　70, 78-79

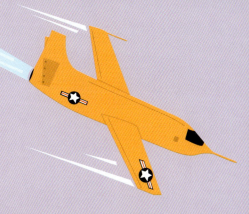

水洗トイレ　18–19
スティーブンソン、ジョージ　48
スプートニク1号　66
スワン、ジョゼフ　20
石油　11, 22
セントラルヒーティング　9, 16–17
そろばん　11, 14–15

た行

タービン　48, 82, 87
ターボジェット・エンジン　41, 52
大西洋　27, 34, 41, 47
太陽系　27, 35, 54
中性子　82, 86–87
超音速　41, 52
デイヴィー、ハンフリー　74
電球　10–11, 20–21
電子機器　83–84
電磁波　27, 34
天然痘　71–72
電波　34–35, 37
電報　27, 32
電話　32–35
特許　7, 27, 32
トランジスタ　83–85
トレビシック、リチャード　48

な行

内燃機関　41, 50–51
ナイロン　11, 22–23
ニエプス兄弟（クロードとニセフォール）　50
ニュートン、アイザック　60
熱気球　52–53

は行

バーナーズ=リー、ティム　36
ハイポコースト　16–17
バクテリア（細菌）　18, 71, 76–77
歯車　41–42, 64–65
パスツール、ルイ　76
発電機　83
バベッジ、チャールズ　64–65
ハリントン、サー・ジョン　18
帆船　46–47
飛行機　52–53
筆記　28–29
病原体　11, 71–72, 76–77
フィラメント　11
フレミング、アレグザンダー　76
プロペラ　41, 52–53
ペニシリン　76–77
ベル、アレグザンダー・グレアム　32–33
変換器　27, 32
ホイットル、フランク　52
ボイラー　11, 16–17, 49

望遠鏡　60-61
ポリエステル　22

ま行

マイクロ波　34
麻酔（薬）　71, 74-75
マルコーニ、グリエルモ　34-35
ムーア、ジョージ　48
無線通信　34
メイマン、セオドア　88

ら行・わ行

ライト兄弟（オーヴィルとウィルバー）　52
ラジウム　83, 86
ラジオ　34-35, 84
羅針盤　44-45
リスター、ジョセフ　76
リッペルスハイ、ハンス　60
ルーター　27, 37
レーザー　83, 88
レントゲン、ヴィルヘルム　62
炉　11, 16-17
ロケット　54-55
ロボット　48, 83, 90-91
ワールド・ワイド・ウェブ　27, 36
Wi-Fi（ワイファイ）　83
ワクチン　71-73